NOUVEAUX PROBLÈMES

D'ARITHMÉTIQUE.

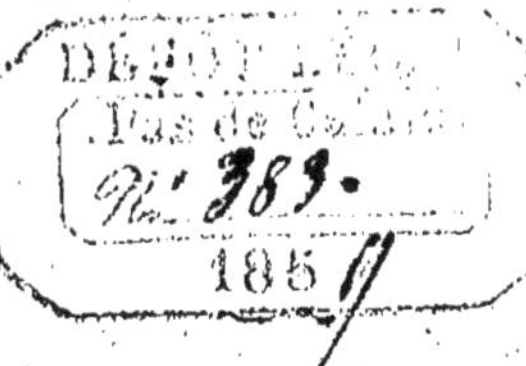

NOUVEAUX PROBLÈMES

D'ARITHMÉTIQUE

PAR

M. J.-B.-E. DÉRAINE.

ARRAS,
Typographie LE MALE, rue des Rapporteurs, 6.

1859.

PROPRIÉTÉ DE L'ÉDITEUR.

NOUVEAUX PROBLÈMES

D'ARITHMÉTIQUE.

EXERCICE ORAL SUR L'ADDITION ET LA SOUSTRACTION.

1. Jean a dans sa bourse 6 pièces d'argent et 8 pièces de cuivre : Combien y a-t-il de pièces dans sa bourse ?

2. Comptez depuis 2 jusqu'à 100, en ajoutant 2 à chaque résultat ? — Depuis 5 ? — Depuis 10 ?

3. Nommez les nombres impairs jusqu'à 100 ? — Nommez-les depuis 100 jusqu'au plus petit ?

4. Joseph, en jouant au *pair ou non*, avait dans une main 15 boutons et dans l'autre 18 boutons : Combien avait-il de boutons dans les deux mains ?

5. Le nombre de ces boutons est-il pair ?

6. Jean a dans une main 3 boutons et dans l'autre 4 fois autant : Combien en a-t-il en tout ?

7. Retirez 6 de 100, et continuez à retirer 6 de chaque résultat que vous obtiendrez ? — Retirez 4, puis 3, puis 5, puis 7, puis 9 de la même manière ?

8. Nommez 2 nombres dont la somme fasse 23 ?

9. Y a-t-il d'autres nombres ? Quels sont-ils ?

10. Nommez les mois de l'année ? — Le 7e ? — Le 10e ?

11. J'ai 15 ans ; dans combien en aurai-je 27 ?

12. Combien y a-t-il de minutes dans une heure ? — Dans un quart d'heure ? — Dans trois quarts d'heure ?

13. Paul avait 13 feuilles de papier plus 8 ; il en a donné 12 à son voisin : Combien en a-t-il encore ?

14. Paul a 13 feuilles de papier moins 8 ; son voisin lui en donne 9 : Combien en a-t-il ?

15. Une route de choux se compose de 15 choux : Combien y en a-t-il dans 3 routes ? — Dans 5 routes ?

EXERCICE ÉCRIT.

1. Marc a 3 champs de blé ; dans le 1er il a récolté 854 bottes ; dans le 2e 3,604 et dans le 3e 593 : Quel est le total de sa récolte ?

2. S'il y a dans sa récolte entière 147 décalitres de blé, combien pourra-t-il en consommer dans l'année, s'il en a déjà vendu 129 ?

3. Un homme a 34,804 betteraves qu'il a vendues 342 fr. ; il en a livré 20,815 pour 196 fr. : Combien lui en reste-t-il et pour quelle somme ?

4. Un cultivateur a récolté 150 hectolitres de blé, qu'il a vendus 2,974 fr. ; 149 hectolitres d'avoine, qu'il a vendus 1,305 fr. ; 375 hectolitres d'œillettes, qui sont estimés 6,895 fr. et enfin 89 hectolitres de scourgeon qui valent 1,008 fr. D'autre part il doit payer 4,075 fr. de fermage, 940 fr. au charron, 1,054 fr. au maréchal et 2,508 fr. à ses ouvriers. Après ces paiements, combien lui restera-t-il d'argent ?

5. Nous sommes le 23 mai 1859 ; combien reste-t-il de jours jusqu'à la fin de l'année ?

6. Pierre a 3,094 fr. plus que Jean, qui a 8,000 fr. : Combien Pierre a-t-il ?

7. Un écolier a reçu, en janvier, 104 bons points et 97 mauvais points ; en février, en mars et en avril, 395 bons points et 172 mauvais ; en mai, en juin et en juillet, 354 bons points et 489 mauvais ; quel est, en fin d'année, le nombre des bons points qui lui restent ?

8. Trouvez 2 nombres dont la somme plus 8 fasse 72 ?

9. Trouvez 2 nombres dont la somme fasse 3,508 moins 93 ?

10. Si Jules a gagné 1,000 fr. et qu'il ait 1,309 fr. de dettes : Combien lui manque-t-il pour payer cette dette ?

11. En quelle année aurai-je 85 ans, si j'ai 24 ans en 1859 ?

12. Otez 129 moins 39 de 396 moins 38 ?

13. Charlemagne est monté sur le trône en 768 : Combien d'années se sont écoulées depuis cette époque ?

14. Trois personnes me doivent 2,304 fr. ; la 1re me doit 370 fr. et la 2e 914 fr. : Combien me doit la 3e ?

15. Quel est le nombre qui surpasse 109 de 72 ?

16. Un cultivateur a conduit à une fabrique de sucre 3 voitures de betteraves pesant ensemble 7,045 kilog., mais le poids de la voiture étant au premier charroi de 350 kilogr., au 2e de 290 kilogr., et enfin au 3e de 249 kilogr., on demande quel est le poids réel des betteraves ?

17. J'ai 340 kilomètres à parcourir en chemin de fer

et en 3 jours. Les deux premiers jours j'ai parcouru 259 kilomètres ; avec la même vitesse le dernier jour arriverai-je en temps ?

18. Une servante reçoit de sa maîtresse 1000 fr. Elle achète pour 432 fr. de blé, 130 fr. de vin et 95 kilogr., de beurre ; elle paie en total 649 fr. Quel est donc le prix du beurre, et combien doit-elle rendre à sa maîtresse ?

19. Un cultivateur a 3 champs. Le premier est éloigné de sa maison de 249 mètres ; le deuxième, de 83 mètres plus que le premier et le dernier de 94 mètres plus que le deuxième. On demande quel chemin aura parcouru ce cultivateur, s'il conduit une voiture de fumier dans chaque champ ?

20. Je dois 3,268 fr. à Jean ; je lui ai remis, en janvier 875 fr., en avril 494 fr. et en juin 1,003 fr. : Combien lui dois-je encore ?

21. Une maison qui a 1239 fr. de rente, dépense 204 fr. de blé, 379 fr. de viande et d'épiceries, et 384 fr. pour divers besoins : Combien lui reste-t-il à la fin de l'année ?

22. Otez 4 fr. de 194 fr. et continuez à donner 5 fr. à chaque personne que vous verrez dans le besoin, jusqu'à ce qu'il vous reste 35 fr. : Combien alors aurez-vous assisté de pauvres ?

23. Un domestique reçoit 20 fr. ; il achète une poule valant 3 fr., un coq 2 fr., un dindon 5 fr. et un canard ; il paie pour le tout 14 fr. : Quel est le prix du canard ?

24. Trois chevaux ont coûté 1,543 fr. ; on a revendu le 1er 540 fr., le 2e 650 fr., et l'on a gagné 289 fr. sur la vente des 3 chevaux : Combien le 3e fut-il vendu ?

25. Une fermière a recueilli pendant le mois de mai 893 œufs ; elle en a vendu 788 et elle a donné 24 œufs à chacun des 3 pauvres de sa commune : Combien lui en est-il resté ?

26. Mon père s'est marié à 29 ans et il est mort en 1859. S'il a été marié 32 ans, quelle est l'année de sa naissance et à quel âge est-il mort ?

27. Un maçon a 28,464 briques à maçonner en 3 semaines ; la 1re semaine il en a placé 8,492 ; la 2e 12,503 : Combien en reste-t-il à poser ?

28. En quelle année aurai-je 85 ans si j'ai eu 24 ans en 1846 ?

29. Cherchez deux nombres pairs dont la différence soit 394 ?

30. Un bassin se remplit au moyen d'un robinet qui donne 2463 litres d'eau par heure ; il se vide par un autre robinet qui laisse écouler 1954 litres par heure. Quelle quantité d'eau y aura-t-il dans le bassin après 2 heures, si les deux robinets sont ouverts pendant ce temps ?

31. J'ai acheté à Jean 38 chaises pour 89 fr., 8 fauteuils pour 23 fr., une garde-robes pour 352 fr., mais ce marchand a pris dans mon magasin d'épiceries 38 kilog. de chandelles qui valent 132 fr., 45 kilog. de sucre estimés 111 fr. quel est celui qui doit à l'autre et combien ?

EXERCICE ORAL SUR LA MULTIPLICATION.

1. Jules a 6 pièces de 5 fr. ; Combien a-t-il de francs ?

2. S'il donne 3 pièces à Jean, combien lui restera-t-il?

3. Si Jean lui remet 6 fr. ; Combien Jules aura-t-il ?

4. Combien y a-t-il de mois dans 4 ans ? — Dans 3 ans ?

5. Combien y a-t-il de jours dans 9 semaines ? Dans 8, dans 7, dans 6, dans 5, dans 4, dans 3 ?

6. Un écolier gagne 8 bons points par jour : Combien en gagne-t-il en 4, en 5, en 6, en 7, en 8 jours ?

7. Sur une pièce de 20 fr. que Jules avait, il a acheté 3 canifs à 4 fr. la pièce : Combien lui reste-t-il ?

8. Un homme à 18 poules valant 2 fr. la pièce ; Combien doit-il donner de poules pour recevoir 16 fr. ?

9. Un écolier achète 5 plumes par semaine et coûtant chacune 2 centimes ; quelle est sa dépense en 5 semaines ? En 4, en 3, en 2, en 6, en 7, en 8, en 9 semaines ?

10. Combien doit-il rendre à sa mère après les 5 semaines, si elle lui donne 65 centimes ?

11. On a 12 pastilles pour 2 centimes ; Combien en aura-t-on pour 8 centimes, pour 6, pour 5, pour 4, pour 9 ?

12. Je donne 4 cahiers qui valent 12 centimes la pièce pour 18 plumes valant 3 centimes ; Combien dois-je rendre ?

EXERCICE ÉCRIT SUR LA MULTIPLICATION.

1. Un homme a 45 hectolitres de froment qu'il vend 25 fr. l'hectolitre ; Combien doit-il recevoir ?

2. Une robe coûte 45 fr. : Combien coûteront 28 robes ?

3. Un maître donne 18 problèmes à ses élèves dans une semaine ; Combien en a fait un élève qui a fréquenté l'école 37 semaines, s'il a été 2 jours absent par semaine ?

4. Combien y a-t-il d'heures que vous êtes né si vous avez 48 semaines ?

5. Et si vous avez 3 ans et 2 mois ?

6. Combien un homme peut-il écrire de lignes en 3 jours, s'il écrit 3 lignes par minute ?

7. Pierre a conduit à un fabricant de sucre 341,000 kilogr. de betteraves, le poids de la voiture y étant compris ; or, il a fait 142 voitures qui pèsent 185 kilog. chacune : Combien Pierre doit-il recevoir, sachant que les betteraves sont payées 20 fr. les 1,000 kilogr.

8. Un fabricant de sucre achète des betteraves à 18 fr. les 1,000 kilogr., et fait accord avec un fermier d'un champ de 43 ares pour 500 fr. Or, le fabricant en retire 12 voitures pesant chacune, en moyenne, 2,350 kilogr., le poids de la voiture y compris. Cette voiture pèse 444 kilogr, et, à chaque voiture, on compte 6 pour 0/0 de tare. On demande s'il y a profit pour le fabricant ?

9. Un cultivateur achète 3 vaches à 195 fr. la pièce, et il a payé cet achat avec 13 porcs qui valent 29 fr. la pièce : Combien doit-il encore ?

10. 345 poules ont été vendues 2 fr. la pièce ; combien doit-on recevoir, si 87 poules furent trouvées mortes au moment de la livraison ?

11. J'ai acheté 28 douzaines de chemises à 3 fr. la pièce ; combien ai-je payé au marchand ?

12. Multipliez 549 par 10, ensuite par 100 et par 1,000.

13. Quelle marche y a-t-il à suivre pour répondre à la question suivante sans faire aucune opération : J'ai acheté 489 pantalons à 5 fr. la pièce : Combien ai-je payé ?

14. Une maison se compose de 4 places égales. Il faut 8 rouleaux de papier pour tapisser la première : Combien paiera-t-on pour la tapisserie de cette maison, si le rouleau coûte 2 fr. et la main-d'œuvre 53 fr. ?

15. Un ouvrier qui travaille 24 jours par mois, à 3 fr. par jour, et qui dépense 900 fr. par an, a-t-il du bénéfice au bout de l'an : Quel est ce bénéfice ?

16. J'ai acheté 45 mètres de drap à 18 fr. le mètre ; j'ai revendu ce drap 1,495 fr. Combien ai-je gagné ?

17. Il faut 104 bottes de blé pour obtenir 14 décalitres de blé : Combien faut-il de bottes pour en obtenir 28 décalitres ?

18. Combien faut-il de pannes pour couvrir une grange sachant qu'il en faut de chaque côté 49 en longueur et 28 en hauteur : Combien coûteront ces pannes à 5 fr. le 100 ?

19. Multipliez 400 par 400 sans faire d'opérations ?

20. Que coûtent au marchand 115 mètres de drap à 5 fr. le mètre ? En revendant le tout 843 fr., combien gagne-t-il ?

21. Combien y a-t-il de secondes en 4 heures 8 minutes ?

22. Combien y a-t-il d'heures dans le mois de janvier ?

23. Combien coûtent 28 douzaines de mouchoirs à 3 fr. la pièce ? Combien gagne-t-on si l'on vend ces mouchoirs 39 fr. la douzaine ?

24. J'achète 26 kilogr. de pain par mois : Combien me faut-il de kilogr. par an ?

25. Il y a dans une maison 9 fenêtres de 12 carreaux chacune : Combien le vitrier doit-il recevoir à 8 fr. la douzaine de carreaux ?

26. Quel est le prix de 136 pièces de vin contenant chacune 102 litres à 45 fr. l'hectolitre ?

27. J'ai voyagé 11 heures par jour pendant 15 jours : Combien ai-je parcouru de kilomètres, si j'en faisais 4 par heure ?

28. Une roue de voiture fait 13 tours par minute ; Combien en fera-t-elle en 15 heures ?

29. Combien y a-t-il de lettres dans un livre contenant 132 pages de 30 lignes chacune, la ligne renfermant 44 lettres ?

30. Un jardin de forme rectangulaire est clos de murs ; la longueur du jardin est de 24 mètres et la largeur compte 14 mètres. On demande ce qui revient au maçon pour le blanchissage et le raccommodage de ce mur, s'il demande 2 fr. par mètre ?

EXERCICE ORAL SUR LA DIVISION.

1. Combien de fois 81 est-il contenu dans 9, dans 8, dans 7, dans 6, dans 5, dans 4, dans 3, dans 2 ? — Combien reste-t-il à chacun de ces nombres.

2. Paul a 100 noix ; il veut en donner 4 à ses camarades ; combien de camarades a-t-il ? — S'il en donnait à 25 camarades ; combien chacun aurait-il de noix ?

3. J'ai eu 45 pastilles pour 5 centimes ; combien en aurai-je pour 2, pour 4, pour 6, pour 8 centimes ?

4. Dans un parc il y a 120 choux, et dans une route il y a 10 choux ; combien y a-t-il de routes ?

5. Combien de fois 100 est-il contenu dans 2, dans 4, dans 5, dans 10, dans 20, dans 25 ?

6. Une boîte de plumes se compose de 144 plumes et coûte 72 centimes ; combien aura-t-on de plumes avec 4 centimes, 6, 8, 2 centimes ?

7. 25 feuilles de papier coûtent 50 centimes : Combien coûtent 6, 8, 4, 12, 15, 18 feuilles ?

8. Quand 40 noix coûtent 10 centimes : Combien en aurai-je avec 3 centimes ? Et avec, 4, 6, 8 centimes ?

9. 3 douzaines de mouchoirs sont vendus 12 fr. : Combien coûtent 4 mouchoirs, 6, 8 mouchoirs ?

10. Paul a 5 centimes quand il récite une leçon, et il a dans sa bourse 80 centimes : Combien a-t-il récité de leçons ?

11. Combien faudrait-il qu'il en récitât pour acheter 25 plumes qui coûtent chacune 3 centimes ?

12. Dans 3 fr. combien y a-t-il de fois 5 centimes ?

EXERCICE ÉCRIT.

1. J'ai acheté 25 hectolitres de froment pour 612 fr.; à combien revient l'hectolitre ?

2. Combien peut-on, avec ce froment, ensemencer d'ares, s'il en faut 1 hectolitre pour 35 ares ?

3. Dans un pavé long de 4,954 décimètres et large de

315 décimètres, on a employé 11,358 grès ayant chacun autant de longueur que de largeur : Quelle est la surface de chacun ?

4. J'ai conduit au marché d'Arras 35 hectolitres d'œillettes, que j'ai vendus 21 fr. l'hectolitre, et j'ai acheté avec le produit de cette vente des tourteaux à 16 francs les 125 tourteaux : Combien a-t-on dû m'en donner ?

5. Si 25 douzaines de chemises coûtent 2,675 fr. : Quel est le prix d'une chemise ?

6. Le cheval d'un cultivateur emploie 3 minutes pour creuser un sillon, et pour le labour d'un champ il a employé 3 jours de chacun 9 heures : Combien a-t-il fait de sillons ?

7. Quelle est la longueur totale du parcours de ce cheval, si le champ a 95 mètres de long sur 34 m. de large ?

8. Un épicier a acheté 115 kilogr., de café à 4 fr., l'un ; il a payé pour le port 6 fr., et pour les droits dus à l'octroi 49 fr. : Combien doit-il vendre le kilogr., de café pour faire un bénéfice total de 58 fr.

9. Combien y a-t-il d'heures dans 415,809 secondes ?

10. Mon père est mort ayant 24,348 jours d'existence ; combien d'années et de mois avait-il ?

11. Un ménage dépense par mois 2 hectolitres de blé à 19 fr. l'un ; 8 kilogrammes de beurre à 2 fr., l'un ; 18 kilogr., de viande pour lesquels il paie 37 fr., et enfin 17 fr. d'autres dépenses ; on demande quelle est par jour la dépense de ce ménage ?

12. Diviser 4,320 par 10, par 100, par 1000 ?

13. Un fermier a récolté 315,499 bottes qui doivent être battues par 6 ouvriers. On demande combien de jours ils seront employés, si chacun bat 93 bottes par jour ?

14. Un rentier a 1000 fr. qu'il désire consacrer à 28 pauvres ; mais à l'appel il s'en trouve 39 : Quel est le tort que cette augmentation de pauvres fait à chacun des 28 premiers ?

15. Un homme a 3 neveux et 2 nièces et 58,695 fr. de fortune. Il donne par testament le quart de sa fortnne à ses nièces, la moitié du reste à l'église et aux pauvres, et enfin le reste à ses neveux : Combien chacun aura-t-il ?

16. Un volume se compose de 439,068 lettres et dans une page il y a 39 lignes de 50 lettres chacune : Combien ce volume a-t-il de pages ?

17. Un rentier qui a 23,478 fr. de revenus, donne 6 fr. par jour aux pauvres. En combien de temps aura-t-il donné les revenus de 5 mois ?

18. Combien lui reste-t-il à dépenser par jour ?

19. Un marchand d'œufs en gros en expédie en Angleterre 65,875 par semaine et gagne 78 fr. Combien a-t-il à dépenser par mois?

20. Quel est le nombre qui, multiplié par 359, donne 93,359 ?

21. Un marchand de vin a acheté 375 futailles de vin 41,875 fr., et a revendu 164 fr. chaque futaille : Quel est son gain par pièce ?

22. On a payé 3,452 fr. pour 354 caleçons : Combien le marchand doit-il vendre la douzaine pour gagner 708 f.?

23. Un fermier qui a fait une vente mobilière en a retiré 30,548 fr., qu'il veut employer à l'achat d'obligations de chemins de fer, au cours de 292 fr. : Combien peut-il en acheter ?

24. Quel sera le revenu de ce fermier si chaque obligation lui rapporte 15 fr. de rente ?

25. Un vieux célibataire qui a 31,600 fr. de fortune, en donne le cinquième à l'un de ses neveux : Combien, avec cet argent, ce neveu peut-il acheter d'ares de terrain à 24 fr. l'are ?

26. Combien y a-t-il de mois et de jours en 345,622 minutes ?

27. Sachant qu'il y a 100 litres dans un hectolitre, on demande ce que coûtent 36,800 litres à 25 fr. l'hectolitre?

28. 36,475 œufs ont été achetés 1,349 fr. et vendus 1,478 fr. : Combien la douzaine a-t-elle été vendue ? Combien le 100 ? Combien a-t-on gagné par 1,000, par 100 ?

29. 386 douzaines d'aiguilles sont vendues 42 fr. : combien coûte une grosse ? (12 douzaines.)

30. Un cheval fait 30 pas par minute : Combien a-t-il mis de temps pour faire 34 kilomètres, sachant que 30 pas de ce cheval font 26 mètres ?

NOMBRES DÉCIMAUX.

EXERCICE ORAL SUR LES QUATRE OPÉRATIONS FONDAMENTALES.

1. Jean a reçu 2 fr. de son oncle, 0 fr. 40 cent. de sa tante et 25 cent. de son cousin : Combien a-t-il reçu en tout?

2. J'avais 3 fr. 75 cent. dans ma bourse, mais j'ai dépensé hier 45 centimes : Combien ai-je encore ?

3. Dans 1 mètre, il y a 10 décimètres, 100 centimètres, 1,000 millimètres. D'après cela, dites combien Jean à de centimètres de carton, si son frère lui en a donné 14 et sa sœur 24, sachant qu'il en a perdu 17 ?

4. Combien 4 mètres font-ils de décimètres, de centimètres, de millimètres?

5. Combien y a-t-il de centimes dans un demi-franc? Dans un quart de franc? Dans trois quarts de franc ? Dans 3 francs ?

6. Paul a reçu 3 fr. un quart et 4 fr. et demi : Combien a-t-il reçu ?

7. Une douzaine de plumes coûte 60 centimes : Combien aura-t-on de plumes avec 1 fr. 20 cent. ?

8. Combien, au même prix, devront couter 18 plumes? 25 plumes ? 20 plumes ?

9. Lorsqu'une douzaine de poires coûte 18 centimes, combien coûtent 2 poires, 4, 6 poires ?

10. Le prix de 1 mètre de soie est de 3 fr.; quel est le prix de 25 centimètres ? — 5 décimètres ?

11. Un cheval est 10 minutes pour parcourir 1,000

mètres : Combien sera-t-il de temps pour parcourir 500 mètres? 250 mètres? Combien de mètres parcourra-t-il en 4 minutes?—En 12 minutes? En une demi-heure?

12. Combien y a-t-il de minutes en 3 heures? En 1 heure et demie? En trois quarts d'heure?

EXERCICE ÉCRIT.

1. Additionner 0m 059 + 3m 5 + 0m 065 + 365m 08?

2. J'ai acheté 32 kilogr. 425; j'en ai vendu 4 kilogr. 93 : combien en ai-je encore?

3. J'ai acheté 34 mètres de ruban à 0 fr. 18 le mètre : Combien ai-je payé?

4. Combien coûteront 0m 254 de ruban à 0 fr. 09 le mètre?

5. Si le mètre coûte 3 fr. 05, combien coûteront 4m 62?

6. 15 kilog. coûtent 3 fr. 75 : Quel est le prix du kilogramme?

7. 3 kilog. 75 coûtent 15 fr. Quel est le prix du kilog?

8. 4m 000 ont coûté 0 fr. 95 : A combien revient le mètre?

9. 0m 29 de drap sont vendus 2 fr. Quel est le prix d'un mètre?

10. 115 kilog. de marchandise ont coûté 109 fr. 09 : A combien revient le kilog.?

RÉCAPITULATION SUR LES NOMBRES ENTIERS ET LES FRACTIONS DÉCIMALES.

1. Multipliez 0,45 par 10, par 100, par 1,000 ?

2. Divisez 45, 005 par 10, par 100, par 1,000?

3. Combien vaut une feuille de papier, quand la rame coûte 4 fr. 25?

4. La douzaine de fagots se vend 1 fr. 90 : Quel est le prix du cent de fagots?

5. La douzaine d'œufs se vend 0 fr. 45 : Combien recevra une fermière qui en porte au marché 5 paniers contenant chacun 8 quarterons?

6. Quand le mètre de ruban se vend 0 fr. 24 : Combien me coûtera-t-il pour acheter des cordons de souliers, dont la longueur égale 0m 48?

7. 1,000 grammes de marchandise coûtent 11 fr. 60 : Combien coûteront 0 gr. 79?

8. 4 voitures contenant chacune 17 hectolitres 45 de blé sont vendues 1,315 fr. 25 : Quel est le prix d'un hectolitre? De 4 hectolitres? De 3 hectolitres 08?

9. 25 quarterons d'œufs sont vendus 2 fr. 25 le cent : A combien revient l'œuf?

10. Une grosse de boutons coûte 0 fr. 95 : A combien revient le bouton? La douzaine? le cent?

11. Diviser 4, 15 par 0,1? 0,01 ? 0,001?

12. Un marchand de vin en a acheté 7 pièces pour 1,875 fr. 42; il en a vendu 183 litres 45 pour 235 fr. 20 en gagnant 0 fr. 18 par litre : Combien chaque pièce contient-elle de litres?

13. Une lampe consomme 0 fr. 08 d'huile par jour, j'en ai acheté 148 litres 85, que j'ai revendus avec un bénéfice de 0 fr. 18 par litre : Combien avec le bénéfice fait sur cet achat ma lampe ira-t-elle de jours?

14. En vendant 0 fr. 52 un demi-litre d'huile par jour, on gagne en un an 89 fr. 75 : Combien avait-on acheté le litre d'huile?

15. Un père de famille laisse en mourant 34,569 fr. à ses deux enfants, à condition qu'ils donneront 859 fr. à son domestique : quelle est la part de chaque enfant?

16. Le reste de deux nombres est 0,001, et le plus petit est 0,1 ; quel est le plus grand ?

17. Un homme charitable dit : Si je puis doubler ce que j'ai d'argent, je donnerai 2 fr. 50 au premier pauvre que je rencontrerai. Son argent fut doublé et il donna 2 fr. 50 ; il fit la même chose trois fois et il ne lui resta rien. Combien avait-il avant de commencer son aumône?

18 Une personne a acheté 375 litres de vin à 0 fr. 85 le litre; sur un litre de vin elle met 0,15 d'eau et le revend 1 fr. 20 ; Combien gagnera-t-elle?

19. On a versé 12,758 fr. pour payer un atelier de 37 ouvriers, par les quels deux qui surveillaient, gagnaient chacun la moitié plus que les autres et 2 contre-maîtres, qui gagnaient chacun le double d'un des ouvriers. Quelle a été la part des uns et des autres?

20. Un marchand de vaches en a acheté 12 à 215 fr. l'une, puis 15 autres dont on ignore le prix. On sait qu'il a gagné 50 fr. par vache, et qu'il a reçu 6,630 fr.

Quel est le prix coûtant de chacune des 15 dernières vaches ?

21. Un homme gagne 200 fr. par an et économise 120 fr. ; Combien dépense-t-il par jour ?

22. Un marchand a employé 6,345 fr. tant en drap qu'en velours, en toile et en mousseline. Le drap coûtait 15 fr. le mètre, le velours 3,15, la toile 1,25 et la mousseline 1,90. Combien en a-t-il eu de chaque sorte, sachant qu'il a eu trois fois plus de drap que de velours, 3 fois plus de toile que de drap et une fois moins de mousseline que de toile ?

23. Une pauvre femme eut besoin d'un certain nombre de bouteilles de bière qu'elle acheta au prix de 0 fr. 45 cent. la bouteille ; elle revendit ses bouteilles, vides, à raison de 0 fr. 20 cent. et sa dépense se monta à 4 fr. 95 cent ; Combien acheta-t-elle de bouteilles de bière ?

24. Une pièce de toile a coûté un prix que l'on ne sait plus. On sait seulement qu'en revendant 12m05 pour 20 fr., on gagne 7 fr. 106 et qu'elle contenait 60m ; combien a-t-elle coûté?

25. Avec un hectogramme de café, on peut faire un litre de cette boisson ; que faudrait-il mettre dans une tasse pour qu'elle revînt à 0 fr. 075, le café coûtant 0 fr. 40 c. l'hectogramme?

26. Charles a acheté 75 mètres de toile ; il veut les revendre et gagner 0 fr. 05 c. par décimètre ; combien doit-il revendre le mètre, sachant qu'il a payé 90 fr. ?

27. J'ai acheté 360 mètres 0,25 de soie que j'ai re-

vendus pour 2,005 fr. 05 c.; combien m'avait-elle coûté le mètre, sachant que j'ai payé 507 fr. 755 ?

28. Quatre marchands ont acheté ensemble 578 mètres 60 cent. de toile pour 6,090 fr. Deux en ont pris la même quantité, le 3e le double de l'un de ceux-ci, et le 4e le double de celui-ci. Combien ont-ils eu chacun et combien ont-ils payé en particulier ?

29. Si j'augmentais ce que je viens de recevoir de 75 fr. 05, il ne me manquerait que 19 fr. 08 cent., pour avoir reçu 1170 fr. Combien ai-je reçu ?

30. Deux vases contiennent ensemble 416 litres 5 ; le plus grand contient 7 litres 875 plus que le plus petit ; Combien contiennent-ils chacun ?

31. Un père de famille a 3 enfants à chacun desquels il donne 35 ares de terrain à 23 fr. l'are ; le plus jeune venant à mourir, les deux frères se partagent l'héritage, qui s'est accru de 15 ares qu'il a achetés 358 fr. On demande la valeur de l'héritage de chacun des deux frères ?

32 Dans une fosse au charbon, on occupe 250 ouvriers dont le travail fournit 14,532 hectolitres de charbon par semaine. Si l'on diminue de 74 les mêmes ouvriers, combien ceux qui resteront pourront-ils en fournir par jour ?

33. A combien reviennent au marchand 78 verres de cristal, achetés 4 fr. 75 la douzaine, mais sur lesquels on en a trouvé, en déballant, 17 de cassés ? Combien ce marchand doit-il vendre la pièce pour gagner 0 fr, 95 par douzaine ?

34. J'ai fait venir de Paris 7 mètres 08 de soie pour doubler 98 redingottes ; Combien coûte la doublure d'une redingotte, si la pièce coûte 135 fr. 45 ?

35. A 17 fr. le cent de fagots, combien doit-on vendre la douzaine pour gagner 5 fr. sur le tout ?

36. 25 hectolitres de blé ont été vendus 472 fr., provenant de 27 hectolitres 3 litres ; supposé que le blé des criblures vaille 9 fr. l'hectolitre, combien a-t-on perdu sur le total ?

37. On a acheté 3 douzaines de mouchoirs à 75 fr. 08 le cent, et l'on a revendu ces mouchoirs 0 fr. 95 la pièce ; combien a-t-on gagné si l'on a perdu 3 mouchoirs que l'on n'a pu vendre ?

38. J'ai acheté 3,858 choux à 0 fr. 35 la douzaine, à condition que j'aurais le treizième par-dessus ; combien dois-je revendre la pièce pour gagner 45 fr. sur le total ?

39. Paul a l'intention de faire construire nne maison dans laquelle il doit entrer 68,505 briques qu'il paie 1 fr. 25 le cent, supposé qu'elles soient entières en les déchargeant. Mais il arrive qu'il s'en trouve 4,895 dont on ne peut se servir : Combien alors Paul doit-il payer au marchand ?

40. Il faut aussi pour cette maison 3,540 pannes qu'on paie 0 fr. 52 la douzaine pour celles qu'on doit employer. Il arrive aussi que sur cette quantité il y en a 494 dont on ne peut se servir : Combien alors doit-on payer au fabricant ?

41 34 douzaines d'assiettes ont été trouvés dans un panier qu'on a expédié comme contenant 478 assiettes.

Si elles coûtent 35 fr. le cent, combien est-il dû au marchand, supposé qu'il croie sur parole celui à qui les assiettes ont été expédiées ?

42. J'ai acheté 2 mètres 13 de drap pour faire une redingotte, à 17 fr. le mètre ; mais le tailleur me dit qu'il en manque 0^{m},17. Combien dois-je payer au marchant pour ce surplus ?

43. Il faut 5 petits écheveaux de laine pour la confection d'une paire de bas, et cette confection coûte ellemême 9 fr. 85 cent. Combien paierai-je pour la confection et pour l'achat de la laine de 134 bas, sachant que 10 écheveaux coûtent 1 fr. 15 ?

44. Lorsque je bois en 43 jours un tonneau de bière contenant 100 litres et coûtant 10 fr. 25, quelle est pour cette boisson ma dépense annuelle ?

45. Un chemin de fer parcourt 145 kilomètres en 3 heures. Combien donc ai-je été de minutes en chemin de fer, sachant que j'ai parcouru 13 kilomètres ?

46. A 0 fr. 52 les 0^{m} 24. Combien coûte un mètre ? Un mètre et un quart ? Un mètre trois quarts ?

47. Un maçon pose 525 briques par journée de 9 heures. Combien d'heures emploiera-t-il pour faire une maçonnerie renfermant 13,595 briques ? Combien recevra-t-il à raison de 2,15 par jour ?

48. J'ai payé 0 fr. 08 les 0^{m} 75 de toile. Combien faut-il que je la revende le mètre pour gagner 2 fr. 04 sur 10 fr. d'achat ?

49. Lorsque 32 mètres 23 de dentelle sont vendus

24 fr. et que le marchand gagne 19 fr. sur cette vente, combien lui avait coûté le mètre ?

50. Il faut 2 mètres 05 de cette dentelle pour la confection d'un bonnet : Combien alors coûteront 8 bonnets?

51. Combien coûteront 31 kilogrammes et demi de chicorée à 31 centimes et demi le kilogramme ?

52. Cinq pièces de 5 fr. pèsent 24 grammes 35 : Combien alors en faudrait-il de semblables pour qu'elles pesassent 1 kilogramme ? Et si ces pièces avaient exactement le poids légal, combien en faudrait-il?

53. Un cultivateur a conduit à une fabrique de sucre 6 voitures de betteraves. La 1re pesait 1,540 kilogrammes, la 2e et la 3e un tiers en plus, et les trois autres chacune le sixième des cinq premières. Mais la voiture seule, à chaque livraison, pesait 351 kilogrammes, et la terre qui se trouvait autour des betteraves a été évaluée à 8 pour cent. On demande ce que doit recevoir le cultivateur, si ses betteraves ont été vendues 21 fr. les mille kilogr.?

54. Pierre veut acheter deux chevaux de 500 fr. chacun ; mais, n'ayant pas d'argent, il offre en paiement 24 hectolitres de blé et 28 hectolitres trois quarts d'avoine. Quel est le prix de l'hectolitre d'avoine, sachant que le blé vaut 19 fr. l'hectolitre ?

55. A 26 fr. les 100 kilogr., d'une marchandise, combien doit-on la revendre le kilogr., pour gagner le prix d'achat de 17 kilogr., un tiers ?

56. Un libraire a acheté pour 1000 fr. de papier, qu'il a revendu 1,239 fr. 22 cent., Ce papier a été payé 0,35 cent., la main : Combien a-t-il gagné par rame ?

57. Un épicier a acheté pour 295 fr. de chicorée et de café ; ce dernier seul a été payé 158 fr. 43 cent, à raison de 4 fr. 35 cent., le kilogr., combien cet épicier a-t-il eu de kilogr., de chaque espèce, sachant que 13 kilogr., de chicorée lui reviennent à 2 fr. 65 cent.

58. Partager 1000 fr. en 2 parties dont la première soit triple de l'autre ?

59. Trois robinets ouverts pendant 9 heures donnent chacun 43 hectolitres ; Combien en donnent-ils chacun en une minute. Combien faudrait-il qu'ils restassent ouverts pour fournir 3,508 litres ?

60. Les trois quarts de mètre coûtent 0 fr. 24, combien coûtent les deux tiers d'un mètre ?

EXERCICE ORAL SUR LE SYSTÈME MÉTRIQUE.

1. Que signifient les mots myria, kilo, hecto, déca, déci, centi, milli ?

2. Faites suivre chacun de ces mots du mot mètre ?

3. Que veut dire hectomètre, myriamètre, décamètre, centimètre, décimètre ?

4. Combien faut-il de centimètres, de décimètres pour faire un mètre ?

5. Combien faut-il de décamètres pour faire un kilomètre, un myriamètre ?

6. Combien un hectomètre fait-il de décimètres, de centimètres ?

(*faire les mêmes questions pour les autres mesures*)

7. Combien pèse un franc ? 5 francs, 15 francs ?

8. Combien pèse un demi-franc ?

9. Combien faut-il de francs pour faire un kilogramme ? une livre ? un quarteron ?

10 Quand un mètre coûte 2 fr., combien coûtent 5 décimètres, 25 centimètres, un décamètre ?

11. Quand un kilogramme coûte 3 fr., combien coûte un hectogramme, un décagramme ?

12. Quand un décilitre coûte 0 fr. 10, combien coûtent un litre, un décalitre, un hectolitre ?

1er EXERCICE ÉCRIT.

1. Additionnez 4 mètres 8 centimètres + 56 décamètres 8 millimètres + 45 décimètres 15 millimètres ?

2. J'ai acheté 25 kilogrammes, 8 décagrammes, 28 centigrammes de beurre frais et 56 hectogrammes, 48 grammes, 65 décigrammes de beurre salé. Combien ai-je acheté de kilogrammes en tout ? Combien d'hectogrammes, combien de décagrammes et de grammes ?

3. Additionnez 3,005 litres + 24 décalitres + 165 litres + 144 hectolitres + 444 décilitres + 125 centilitres ?

4. Combien y a-t-il de décalitres, d'hectolitres, de litres, de décilitres, dans 45,608 centilitres ?

5. Un arbre est haut de 28 mètres 590 millimètres et un autre de 958 décimètres : De combien l'un est il plus haut que l'autre ?

6. J'ai à vendre trois ballots de laine ; le premier pèse 4,569 décagrammes 125 centigrammes ; le 2e 68

kilogrammes 25 grammes 8 milligrammes et le 3e 358 hectogrammes 25 décigrammes : Combien pèsent-ils ensemble ?

7. J'ai acheté 45,678 litres de vin, et j'en ai vendu 9 hectolitres 125 décilitres : Combien me reste-t-il d'hectolitres, de décalitres et de litres de vin ?

8. J'ai vendu 28 grammes 42 milligrammes d'argent sur 1 kilogramme que je possédais : Combien me reste-t-il d'hectogrammes ?

9. Un chemin de fer parcourt 12 kilomètres en une heure : Combien parcourra-t-il de décamètres, de mètres en 13 heures ?

10. Combien y a-t-il de kilomètres, d'hectomètres, de décamètres, de mètres dans 3,695 millimètres ?

11. Combien y a-t-il d'hectogrammes dans 325 décigrammes ?

12. A 8 fr. le kilogramme, combien coûteront 35 décagrammes ?

13. A 2 fr. 25 cent., le mètre, combien coûteront 6 décimètres ?

14. J'ai acheté 45 kilogr., de sucre à 1 fr. 15 le kil., combien ai-je payé ? A combien revient l'hectogr.. le décagr., ? Combien coûteront 3 hectogr., ? 25 grammes?

15. Combien y a-t-il d'hect. de vin dans 295 tonneaux contenant chacun 245 litres 8 centilitres ?

16. Une laitière vend chaque jour 13 litres de lait à 0 fr. 45 le litre. Combien reçoit-elle ? Combien vend-elle le décilitre ? l'hectolitre ?

17. Un litre d'eau-de-vie coûte 0 fr. 45. Combien

coûteront 45 centilitres ? 8 décilitres ?

18. Un épicier m'a vendu 24 kilogr., 8 gram., de sucre à 0 fr. 12 l'hect., combien a-t-il reçu ? Combien coûte le gramme de ce sucre ?

19. Combien faut-il de verres contenant chacun 35 centilitres pour contenir un litre ? un décalitre ?

20. Une famille consomme par mois 162 kilogr., 42 décigr., de pain qu'elle paie 0 fr. 24 l'hect., combien consomme-t-elle de décagr., par jour, et combien paie-t-elle par semaine ?

21. Un vase vide pèse 2 hectogrammes 8 décagrammes et rempli d'eau il pèse 45 hectogrammes 24 décagrammes 36 grammes, 225 centigrammes ; quel est le poids de l'eau contenue dans le vase ?

22. 35 décagrammes de poivre ont coûté 0 fr. 52 ; à combien revient le kilogramme ? l'hectogramme ?

23. Un kilogramme de tabac coûte 2 fr. 50 ; Combien coûteront 72 décagrammes 8 décigrammes ?

24. 375 décagrammes de marchandise ont été payés 28 fr. à combien revient le kilogramme ? l'hectogramme ?

25. Lorsque 3 fr. sont le prix de 35 centilitres de liqueur, quel est le prix de l'hectolitre ? de 24 décalitres ?

26. J'ai payé 75 fr. 25 de 42 kilogrammes de sucre ; Combien dois-je vendre l'hectogramme pour gagner 25 fr. sur le tout ?

27. Combien dois-je vendre le kilogramme pour gagner 0 fr. 0057 par décagramme ?

28. Combien y a-t-il de francs dans un sac rempli d'argent et pesant 425 hectogrammes ?

29. Quelle est la valeur de 125 décagrammes d'argent monnayé?

30. Combien fera-t-on de francs avec 37 décagrammes de cuivre, si on y allie autant d'argent pur qu'il est nécessaire? Quel sera le poids de l'argent pur?

31. J'ai acheté 35 décigrammes de sel pour 0 fr. 0008; combien coûtent 3 hectogrammes 8 centigrammes? A combien revient le kilogramme?

32. En vendant son eau-de-vie 2 fr. 15 le double litre, un marchand gagne 24 fr. par hectolitre; combien a-t-il payé le litre?

33. Combien faut-il qu'un débitant vende 3 décilitres de vin pour gagner 0 fr. 45 par litre, sachant qu'il achète ce vin 3 fr. le décalitre?

34. 35 centimètres de ruban se vendent 0 fr. 18; combien gagnera-t-on par mètre, si l'on gagne sur cette première longueur 0 fr. 0,52?

35. On a payé 625 fr. de 142 kilogrammes de métal; combien doit-on vendre le décagramme pour gagner 0 fr. 43 par hectogramme?

36. En me présentant chez un épicier, je demande pour 0 fr. 55 de beurre et le marchand me sert 240 grammes. M'a-t-il servi exactement, s'il vend ce beurre 1 fr. 75 le kilogramme?

37. A 7 fr. 75 le décalitre, de quelle mesure doit-on se servir pour servir pour 0 fr. 75?

38. De quel poids doit-on se servir pour peser 3,578 grammes? 458 décagrammes?

39. Un tailleur à qui j'ai livré 72 centimètres de drap

pour la confection d'un gilet, me dit que j'en ai pris 23 centimètres en trop. Combien ai-je dépensé de trop sachant que le mètre coûte 9 fr. 75?

40. 258 grammes ont coûté 13 fr., quels sont les poids dont il faut se servir pour 22 fr. 15?

41. Combien doit-on vendre le décilitre d'huile pour gagner 24 fr. par hectolitre, sachant que 358 litres coûtent 424 fr. 75?

42. Trouver quel est le meilleur marché de 24 grammes à 0 fr. 25 le décagramme, ou de 28 grammes à 1 fr. 10 l'hectogramme?

43. A 0 fr. 17 le mètre, combien doivent coûter 37 centimètres?

44. J'ai reçu un ballot pesant 16 kilogrammes 28 grammes dont je paie 72 fr.; et à combien me revient le double décagramme? le double gramme?

45. Combien y a-t-il de cuivre dans 425 pièces de 5 francs? dans 72 pièces de 0 fr. 50? Combien y a-t-il d'argent pur dans chacune de ces sommes?

2° EXERCICE ÉCRIT.

1. Additionnez 4 mètres carrés 8 décimètres carrés + 2,58 centimètres carrés + 58 mètres carrés 405 millimètres carrés?

2. Additionnez 3 décamètres carrés 125 décimètres carrés + 13,458 décimètres carrés + 4 hectomètres carrés 8 mètres carrés 134 centimètres carrés?

3. Combien y a-t-il d'ares et d'hectares dans la somme de chacune de ces additions?

4. J'ai acheté un champ rectangulaire de 128 mètres de long sur 47 mètres 018 de large et j'en ai vendu 947 ares 08 centiares ; Combien m'en reste-t-il ?

5. Combien y a-t-il de mètres carrés, de décamètres carrés dans 478 ares 25 centiares ?

6. J'ai acheté 8 dixièmes de mètre carré de terrain, j'en ai revendu 35 décimètres carrés à 52 l'are. Combien me reste-t-il de terrain et combien ai-je reçu ?

7. J'ai payé 8 dixièmes d'hectare 3,204 fr. A combien revient l'are ? A combien le mètre carré ?

8. J'ai acheté 254 décamètres carrés, 125 décamètres pour 10,000 fr. A combien revient le mètre carré ? L'hectare ?

9. J'ai payé 8 dixièmes d'are 23 fr. 45. A combien revient le mètre carré ? L'are ? l'hectare ? le décamètre carré ?

10. J'ai payé 3 fr. 43 de 89 décimètres carrés de terrain. A combien revient l'are ? L'hectare ?

11 .En payant 48 fr. l'are d'un terrain ayant 6 mètres de long et 1 m. 72 de large; quelle est la somme de cette ? acquisition. A combien revient l'hectare ? le mètre carré.

12. Une mesure de terre de 42 ares 91 a coûté 1,875 fr. A combien le mètre carré ? L'hectare ?

13. Les trois quarts de la même mesure ont été payés 384 fr. Combien paie-t-on en plus ou en moins à l'are ? A l'hectare ? Au mètre carré ?

14. A 0 fr. 08 les 52 centimètres carrés. A combien revient l'hectare ? le mètre carré ?

15. Quel est la surface d'un triangle qui a 2^{m} 54 de

base et 4,72 de hauteur ? En ares ? En hectares ?

16. Quel est la surface d'un rectangle de 24 mètres de long sur 13 de large ? En ares ? En hectares ?

17. La surface d'un rectangle est de 1,349 mètres carrés et la longueur de 17m 0087. Quelle en est la hauteur ?

18. La superficie d'un triangle est de 43 mètres carrés, 9 décimètres carrés et la base de 3 mètres 08. Quelle en est la hauteur ?

19. Un triangle doit avoir 4 mètres de base sur une surface de 315 ares. Quelle en est la hauteur ?

20. Une chambre de forme carrée a 17 mètres de côté. Quelle en est la surface ?

21. Une chambre de forme carrée et ayant 2 mètres 74 de chaque côté, est divisée en 4 triangles. Quelle est la surface d'un triangle ?

22. Si l'on veut carreler cette chambre avec des carreaux de 0m 22 de chaque côté. Combien en faudra-t-il ?

23. On veut couvrir de pannes dont les dimensions sont 0m, 22 et 0m, 17 un toit rectangulaire de 35 mètres de long et 4 mètres 85 de haut ; Combien faudra-t-il de pannes, sachent qu'elles se recouvrent de 3 centimètres en tous sens ?

24. Une feuille de carton de 1 mètre de long sur 0m, 075 de large doit-être découpée en morceaux de 75 millimètres carrés ; Combien y aura-t-il de morceanx ?

25. Une cuisine longue de 14 mètres et large de 6 mètres doit-être pavée avec des carreaux ayant 17 centimètres de chaque côté ; Combien en faudra-t-il ?

26. Et si ces carreaux étaient de forme hexagonale

ayant une hauteur triangulaire de 0 mètre 13, et une base totale de 65 centimètres ; Combien en faudrait-il ?

27. Quelle est la surface d'un manège ayant 3 mètres de circonférence ?

28. Et s'il avait 0 mètre 35 de rayon ? Et 1m. 75 de diamètre ?

39. Une maison dont le toit à la forme d'un trapèze est couverte en ardoises de 24 centimètres de chaque côté se recouvrant les unes les autres de 25 millimètres. La maison ayant 15 mètres de long et la hauteur du trapèze 9 mètres, on demande combien il faudra d'ardoises pour la couvrir, sachant que la longueur du toit supérieur est de 11 mètres ? On tiendra compte des deux triangles dont la base est de 8 mètres et la hauteur 10 mètres 50.

30. Un manège a 35 mètres carrés de surface et le rayon le quart de 0 mètre 097, quel en est le contour ?

3e EXERCICE ÉCRIT.

1. Additionner 25 décimètres cubes 4 centimètres cubes + 6 mètres cubes 88 millimètres cubes + 15 décamètres cubes 34,156 centimètres cubes ?

2. J'ai acheté 45 mètres 3,506 centimètres cubes de fumier, sur le quel j'ai charrié 9,434 décimèrtes cubes : Combien m'en reste-t-il ?

3. De 23 décamètres cubes 8 mètres cubes 3,518 centimètres cubes, ôtez 19,178 mètres cubes 62 centimètres cubes ?

4. Un ouvrier doit creuser un puits de 175 mètres cubes 97 centimètres cubes ; il extrait 35 décimètres cubes par jour : Combien de temps sera-t-il employé ?

5. Quel est le volume d'un cube de 85 centimètres de côté ?

6. Quel est le volume d'une mare ayant 4 mètres 72 de long, 3m 50 de large et 6 mètres de profondeur.

7. Quel est le volume de terre qu'on a extrait pour creuser un puits de 0m 97 de rayon et 24 mètres de profondeur ?

8. J'ai acheté une meule de bois ayant 6 mètres de long 4 mètres de large et 17 mètres de hauteur à 95 centimes le décistère ; combien ai-je payé ?

9. Des briques ayant pour dimensions 3, 2 et 1 décimètre ; combien en faut-il pour construire un mur de 25 mètres de long et 13 de hauteur, l'épaisseur étant de 0m 65 ?

10. Combien en faudrait-il pour construire une cheminée de forme carrée ayant pour hauteur 7 mètres et 85 centimètres de chaque côté, l'épaisseur étant 23 centimètres ?

11. Combien ai-je payé d'un tas de bois dont les dimensions sont 4, 6 et 3 mètres à 0 fr. 75 le décistère ?

12. Un maréchal ayant une barre de fer de 4 mètres de long, 2 décimètres de largeur et 75 millimètres d'épaisseur doit en tirer 1,000 clous ; quel sera le prix d'un clou si cette barre coûte 0 fr. 45 les 45 centimètres cubes ?

4e EXERCICE ÉCRIT.

1. Une boule de cuivre dont la circonférence est 3 mètres ne peut être soulevée ; combien pèse-t-elle supposé qu'elle soit une sphère parfaite, sachant que la densité du cuivre est 8,394 ?

2. Un bloc de marbre pèse 6 kilogrammes ; quel en est le volume, si la densité est 2, 7 ?

3. On demande quelle est la densité d'un chêne pesant 85 hectogrammes et ayant 86 décimètres cubes de volume ?

4. Quelle est la quantité d'eau distillée qui pèse autant que 250 grammes d'argent monnayé ?

5. Quel est le poids de 20 fr. en or ?

6. Combien faut-il allier de cuivre à 3 kilogr., d'argent pur pour faire de la monnaie française ?

7. Combien peut-on faire de pièces de 5 fr. avec 20 grammes de cuivre ?

8. Quel est le poids de 8 centilitres d'eau distillée ?

9. J'ai acheté 45 décimètres cubes de bois à 17 fr. le stère. Combien ai-je payé ?

10. Quel est en or le poids de 100 fr. en argent ?

11. Quel est le poids de l'argent pur, contenu dans 100 fr. ?

12. Combien y a-t-il de litres dans un volume de 856 centimètres cubes d'eau distillée ?

18. Combien pèsent 145 décilitres de bière, supposé que la densité soit égale au poids de l'eau ?

14. Un brassin de bière se fait dans une cuve ayant

1 mètre 72 de rayon et 2 mètres de hauteur ; Combien renferme-t-il de litres ?

15. A 0 fr. 06 le décilitre d'eau distillée, combien coûtent 3,145 centimètres cubes ?

16. Une mare dont le volume est 35 décamètres cubes, 8 décimètres cubes est vendue à 0 fr. 17 le décalitre ; quel est le prix de cette mare ?

17. Je dois payer 1000 fr. de 45 stères de bois, mais on ne m'en a livré que 41,534 centimètres cubes ; Combien dois-je payer ?

18. Combien y a-t-il d'hectolitres dans 135 mètres cubes ?

19. J'ai acheté 185 décalitres 8 centilitres de bière à raison de 100 fr. le mètre cube : Combien dois-je payer ?

20. J'ai acheté 40 centimètres cubes à 40 millièmes le litre : Combien dois-je payer, si cette marchandise pèse autant que l'eau ?

21. Exprimer en litres le quart de 45 centimètres cubes d'eau distillée ?

22. Combien pèsent 3,125 centimètres cubes d'eau distillée ?

23. Un objet de forme circulaire et ayant 0,95 de rayon et 2 mètres de hauteur, est rempli d'argent monnayé, combien renferme-t-il de francs ?

24. Une bouteille vide pèse 45 grammes et remplie d'eau 415 grammes : Combien contient-elle de litres ?

25. Une salle de 12 mètres de long 8 de large et 3 de hauteur doit renfermer un nombre de personnes tel que chacune doit avoir 2 mètres cubes 8 centièmes d'air ;

combien contiendra-t-elle de personnes ?

26. J'ai acheté 8 dixièmes de décimètre cube à 0 f. 95 les 45 centimètres cubes ; à combien revient le litre ?

EXERCICE ORAL SUR LES FRACTIONS.

1. Quel est le quart de 96 fr., 92, 88, 84, 80, 76, 72, 68, 64, 60, 56, 52 ?

2. Quelle est la moitié de tous les nombres pairs depuis 2 jusqu'à 100 ? Quel en est le quart ? Et les 3 quarts ?

3. Quel est le tiers de tous les nombres depuis 3 jusqu'à 100 ? Quels en sont les 2 tiers ?

4. Quel est le cinquième de tous les nombres depuis 5 jusqu'à 100 ? Quels sont les 2 cinquièmes ? Les 3 cinquièmes ? Les 4 cinquièmes ?

5. Quel est le sixième de tous les nombres depuis 6 jusqu'à 100 ? Quels sont les 2, les 3, les 4, les 5 dixièmes ?

On doit observer que ces nombres augmententchacun de 5 et de 6 selon la question, et cela à chaque résultat.)

6. Pierre a une pomme coupée en 3 parties ; il en donne une à son frère ; combien lui reste-t-il de la pomme ?

7. Paul avait 72 boutons ; il en a perdu le quart, ensuite la moitié du reste ; combien en a-t-il encore ?

8. Jean est inattentif pendant le cinquième de 3 heures de classe ; combien de temps perd-il ?

9. Paul a pris 15 pommes dans un sac qui en contenait 45 ; combien en a-t-il retiré de ce sac ?

10. Quelle est la moitié de 3 pommes coupées chacune en 4 morceaux ?

11. Pierre a pendant 6 jours 8 bons points par jour ; mais il a aussi dans sa semaine 12 mauvais points ; combien perd-il par jour ? Par semaine ?

12. Une pomme est partagée en 3 morceaux ; Pierre en prend la moitié avec son frère ; dites combien ils ont pris de cette pomme ?

PREMIER EXERCICE ÉCRIT.

1. Quel est le cinquième de 4 pommes ? Les 3/4 de 24 ; les 5/8 de 40 ; les 2/3 de 15 ?

2. 45 poires sont coupées chacune en 6 morceaux ; Combien dois-je payer à raison de 2 centimes pour 3 morceaux ?

3. Combien y a-t-il de sixièmes, de cinquièmes, de neuvièmes, de tiers, de quarts dans 17 entiers ?

4. Combien y a-t-il de douzièmes, de quinzièmes, de tiers, de septièmes dans 12 entiers 3/4 ? Dans 7 entiers 2/3 ? Dans 22 entiers 8/9 ? Dans 5 entiers 13/17 ?

5. Combien y a-t-il de tiers, de quarts, de cinquièmes de sixièmes, de treizièmes, de dix-septièmes dans 22 entiers, 25 entiers, 1 entier ?

6. Combien y a-t-il d'unités dans 25 3/4 ; 6 2/3 ; 4 7/51 ; 8 3/21 ; 136 8/9 ; 93 5/6 ?

7. Combien y a-t-il d'unités dans 3 3/4 ; 2 1/3 ?

8. Quels sont les 3/5 de 4 unités ; de 5 unités 2/3 ?

9. Quelle est la plus simple expression de 13404/8 ; de 362/3, de 674/17 ?

10, Réduisez au même dénominateur 3/4 — 5/6 ?

11. Réduisez au même dénominateur 3/4 — 5/6 — 7/12 ?

12. Réduisez au même dénominateur 2/3 — 5/7 — 8/9 ?

13. Quelle est la plus simple expression de 118/7 ; de 149/5 ; de 3149/11 ; de 10091/12 ; de 3654/7 ; de 14589/13 ;

14. Additionnez 3/4 7/4 5/4 9/4 ?

15. J'ai acheté d'abord les 3/5 d'une pièce de toile, ensuite les 4/13 ; combien en ai-je acheté en tout ? Combien reste-t-il de la pièce ?

16. Ma recette de lundi a été de 3 kilogrammes 5/6, celle de mardi de 8/9 de kilogramme, et celle des autres jours de la semaine de 9/11 de kilogramme : Combien en ai-je reçu de kilo en tout ? Combien m'en manque-t-il, si je devais en recevoir 9 kilog.

17. De 3 8/29 ôtez 2 4/5 ?

18. J'ai acheté 3/5 de mètre à 3 fr. le mètre : Combien ai-je payé. ?

19. J'ai acheté 3/5 de mètre à 3/5 de franc le mètre ; Combien ai-je payé ?

20. J'ai acheté 4 mètres 3/4 d'étoffe à 2 fr. 3/5 le mètre ; Combien ai-je payé ?

21. Six litres coûtent 8/9 de fr. ; Combien vaut un litre ?

22. Combien faut-il de briques de 3/17 de mètre de long sur 3/28 de large pour paver une chambre de 22 mètres 3/4 de long sur 13 mètres 5/6 de large ?

23. Combien font de centimes 3 fr. 8/9 ?

24. Quels sont les 3/4 et demi de 9 ?

25. J'ai pris les 3/4 du 2/3 de 3 fr. 5/6. Combien ai-je pris ?

26. Quel est le nombre dont les 5/6 plus 3 font 31 ?

PROBLÊMES SUR LA RÈGLE DE TROIS ET AUTRES DONT LA SOLUTION DÉCOULE DU MÊME PRINCIPE.

1. Combien coûteront 24 kilogrammes, sachant que 23 fr. sont le prix de 13 kilogrammes ?

2. Combien aura-t-on de kilogrammes de poivre avec 100 fr., lorsque 13 kilogrammes coûtent 47 fr. 52 ?

3. 3 maçons en travaillant 8 heures par jour pendant 6 jours peuvent faire 24 mètres cubes de maçonnerie. Combien faudrait-il qu'ils fussent d'ouvriers pour en faire 58 mètres cubes pendant le même temps ?

4. Combien mettraient de temps les trois premiers ouvriers pour faire 42 mètres cubes ?

5. Combien faudrait-il que les 3 mêmes ouvriers travaillassent d'heures par jour pour faire 64 mètres cubes en 8 jours ?

6. 34 mètres d'étoffe ayant 5/6 de mètre de large, ont coûté 589 fr. Combien coûteront 17 mètres d'étoffe de la même qualité, mais ayant 3/4 de mètre de large ?

7. 5/6 de mètre coûtent 3 fr. Combien coûteront 3/5 ?

8. Quel est l'intérêt de 352 fr. pendant un an à 6 p. 0/0 ? Et pendont 5 mois ? Pendant 3 ans ? Pendant 4 mois et 17 jours ?

9. Avec 3,254 fr. Combien peut-on acheter de rentes 4 1/2, au cours de 98 ?

10. Avec 3,250 fr. Combien aurai-je de rente, si j'achète avec cet argent des actions de chemin de fer de 500 fr. portant 15 fr. d'intérêt et 25 fr. de dividende au cours de 250 fr.?

11. Combien aurai-je de rente avec le même argent si j'achète des obligations de chemin de fer de 500 fr. portant 15 fr. d'intérêt, au cours 289 fr.?

12. Partager l'intérêt à 5 p. °/₀ pendant un an de 548 fr. entre 3 personnes, de manière que les parts soient entre elles comme les nombres 3, 5 et 7? 2° Comme les nombres 3 1/2, 5 2/3 et 6 3/4?

13. Quelle est la valeur actuelle d'un billet de 354 fr. l'escompte étant en dedans et à 6 p. °/₀?

14. Quel est l'escompte d'un billet de 354 fr. payable dans 35 jours à 6 p. °/₀?

15. Quel est mon gain sur la vente d'une rente de 100 fr. 4 1/2 p. °/₀, au cours de 95 fr. et achetée au cours de 94 fr. 25?

16. Quel capital faut-il que je place à 5 p. °/₀ pour recevoir 185 fr. d'intérêt par an? Et en 3 ans? En 4 ans et 6 mois? En 13 mois? En 17 jours?

17. Quel était le billet pour lequel un banquier a retenu 37 fr. pour l'escompte en dedans à 6 p. °/₀, pour 10 mois jusqu'à l'échéance.

18. Quel capital me faut-il pour acheter 350 fr. de rente 4 1/2 p. °/° au cours de 94 fr.?

19. Quel capital me faut-il pour acheter 350 fr. de rente en obligations de 500 fr. portant 15 fr. d'intérêt, au cours de 275 fr.?

20. Quelle somme me faut-il pour acheter 350 fr. de rente en actions de 500 fr. portant 15 fr. d'intérêt et 13 fr. de dividende au cours de 987 fr. ?

21. A quel taux reviennent 135 fr. de rente 4 1/2 p. °/°, achetés 3,240 fr. au cours de 89 fr. ?

22. A quel taux dois-je placer 1000 fr. pour recevoir 158 fr. d'intérêt par an ?

23. On a retenu 39 fr. d'escompte sur un billet de 450 fr. payable à 63 jours ; quel est le taux de l'escompte ?

24. Sur un billet de 549 fr., un banquier ne m'a donné que 501 fr. ; à quel taux a-t-il escompté mon billet ?

25. J'ai remis à un banquier 350 fr. le 1er avril et 475 fr. le 1er août 1859. Le 1er janvier le banquier m'a remis 47 fr. d'intérêt ; à quel taux a-t-il pris ces deux sommes ?

26. Pendant combien de temps dois-je laisser placés 158 fr. à 5 p. 0/0 pour recevoir 36 fr. d'intérêt ?

27. On a retenu 75 fr. d'escompte à 6 p. 0/0 sur un billet de 1000 fr. à combien de jours d'échéance était le billet ?

28. A combien d'échéance est un billet de 378 fr. qui, escompte à 6 p. 100, ne vaut que 304 fr. ?

29. Pierre doit à Jules 650 fr. ce dernier consentant à les recevoir, le 1/3 dans 7 mois et le reste au bout d'un an, avec intérêt à 5 p. 0/0 ; quels doivent être ces paiements ?

30. Je suis possesseurs de 2 billets, le premier de 435 fr. payable dans 5 mois et l'autre de 485 fr. payable dans 27 mois ; je voudrais échanger ces billets contre un seul ; dans combien sera-t-il payable ?

31. Jules et Alphonse ont mis en société, le 1er 540 fr. et le 2e 675 fr.; ils ont gagné 90 fr., quelle est la part de chacun ?

32. Jean et Paul ont fait un fonds commun de 597 fr. le 1er a mis 300 fr. pendant 17 mois et le 2e 297 fr. pendant 21 mois. S'il y à 500 fr. de bénéfice, quelle est la part de chacun.

33. Une bouteille contenant 65 centilitres est remplie d'eau et de vin ; il y a 47 centilitres de vin qui coûte 2 fr. 65 le litre ; à combien revient cette bouteille ? A combien le litre ?

34. J'ai du vin qui me revient à 0 fr. 50 centimes le litre et à 65 centimes ; quelle quantité faut-il prendre de l'un et de l'autre, pour que le mélange revienne à 55 centimes ? Combien faut-il en prendre de chaque sorte pour un mélange de 180 litres ?

PROBLÈMES DE RÉCAPITULATION GÉNÉRAL. (1)

1. Combien faut-il que je place à 5 p. 0/0 pour avoir 3/5 de franc à dépenser par jour ?

2. Quels sont les 4/5 de 3 5/6 ?

3. Une femme tricote des bas de laine qu'elle vend au prix de 2 fr. 80 cent. la paire. La laine lui coûte 2 fr. 80 cent. le kilogramme et 8 paires de bas pèsent un kilogramme et demi. On demande ce qu'elle gagne par paire de bas et ce qu'elle gagne par année, sachant qu'elle fait 5 bas par semaine ?

(1) Parmi ces problèmes un grand nombre ont été donnés par différentes commissions d'examen.

4. Un marchard a acheté lundi 1127^{m}07 de toile ; il en a vendu les 3/5 mardi, au prix de 11 fr. 45 cent. le mètre. Le mercredi il en a vendu les 3/8 de ce qui lui restait de la veille au prix de 8 fr. 24 cent. le mètre. Le jeudi il échange tout ce qui lui restait du mercredi contre du vin, et l'échange se fait sur le pied de 4 litres 1/2 de vin pour 1 mètre 1/2 de toile. On demande quelle somme et combien de litres de vin il a retirés pour les 1,127 m. 7 c. de toile ?

5. Un courrier a parcouru une distance de 595 kilomètres et demi en 23 heures 45 minutes. On demande avec la même vitesse, quel chemin on parcourrait par heure, et le temps qu'il faudrait pour faire 100 lieues de 4 kilomètres chacune ?

6. Jacques et Jean ont fait l'acquisition en commun de 36 kilogrammes de beurre ; le premier a payé 48 fr. et l'autre 39 fr. : Combien revient-il de kilogrammes à chacun ?

7. Si ces deux personnes avaient acheté 31,456 centimètres cubes d'eau distillée : Combien de litres reviendrait-il à chacune ?

8. Un marchand a acheté plusieurs pièces de drap à raison de 202 fr. pour 5^{m} 50. Il les a revendus à raison de 418 fr. 60 cent. pour 9 mètres et il a gagné 1,522 fr. 50 cent. sur son marché : Combien avait-il acheté de mètres de drap ?

9. Combien gagnerai-je sur la vente de 5/6 de mètre de drap qui m'ont coûté 18 cent. le centimètre, si je les revends 23 fr. le mètre ?

10. J'ai des briques de 0^m 27 de long, 0^m 18 de large et 0^m 07 d'épaisseur : Combien m'en faudra-t-il pour faire un mur de 153 mètres cubes 8/9, si le mortier compte pour un cinquiéme ?

11. On veut faire confectionner 25 chemises en toile au prix de 1 fr. 60 c. le mètre. Il faut 3 mètres pour une chemise ; le prix de la façon de la chemise est de 0 fr. 90 cent. Quelle sera la dépense totale ?

12. Un voiturier doit transporter plusieurs ballots de marchandise au prix de 3 fr. 95 les 100 kilog. ; mais il en perd un du poids de 167 kil. 4, qu'il est obligé de payer à raison de 0 fr. 75 le kilog. A cause de cette perte il ne reçoit que 8 fr. 25. On demande le poids des ballots qu'il a rendus à leur destination ?

13. J'ai acheté le quart de 42 ares 91 de terre pour 500 fr.; mais, arpentage fait, il s'en trouve 1/7 en moins. Combien alors dois-je payer ?

14. A combien revient l'hectare de cette terre ?

15. 3/5 de kilogramme coûtent 3 fr. Combien coûtent 6 hectogrammes ? 8 décigrammes ?

16. Un nombre est composé de 4 parties. Les 3 premières sont 1/3, 1/4, 7/8, 5/6 et les 3/22 de la 4e valent autant que les trois autres. Quelle est la 4e partie ?

17. 35 décimètres cubes ont été vendus 15 fr. A combien reviennent les 3/5 de mètre cube ?

18. Un personne emprunte de l'argent à un banquier ; ce dernier n'ayant point d'argent comptant, porte à la Banque de France un effet de 10,000 fr. payable dans 90 jours ; la Banque escompte cet effet à 6 p. 0/0 ; le

banquier remet l'argent à l'emprunteur et lui demande 6 p. 0/0 d'intérêt, plus 1 1/2 p. 0/0 de commission. On demande quelle somme cette personne devra au banquier 115 jours après ?

19. Exprimer en grammes les 3/5 de 31 décimètres cubes d'eau distillée ?

20. 2,812 hectolitres de houille peuvent, pour le chauffage, remplacer 6,345 quintaux métriques de bois. On demande combien devrait valoir le quintal métrique de bois pour qu'il fût indifférent de brûler du bois ou de la houille, lorsque ce dernier combustible se vend 3 fr. 28 les 10 kilog. On sait d'ailleurs que le mètre cube de houille pèse 840 kilogrammes ?

21. 75 kilogrammes 8 centièmes de marchandise ont été vendus 854 fr. avec une perte de 3/7 de franc par myriagramme. Combien a-t-on perdu pour 0/0?

22. Combien faut-il de grés de 1,567 centimètres cubes de volume pour maçonner un puits de 15 mètres de profondeur et ayant 95 centimètres de rayon sur 19 centimètres d'épaisseur?

23. On a acheté une maison de 3,215 fr. On a fait 750 fr. de frais et on loue la maison 370 fr. A quel taux a-t-on placé son argent?

24. Exprimer en mètres carrés les 2/3 de 4 hectares 3/5 ?

25. Un père de famille lègue à ses 3 enfants les 12 hectares de terre qu'il possède et une somme d'argent qu'on ne connaît pas. On sait seulement que le 1er a eu 375 ares de terre et 9,504 fr. On demande ce que chaque

enfant a eu, si la terre est estimée 4 fr. les 3 mètres carrés, et que les deux autres enfants se sont partagé le reste des 12 hectares.

26. Combien y a-t-il de mètres cubes dans un mur long de 3/4 de mètre, large de 5/6 et haut de 8 décimètres? Combien paiera-t-on pour ce mur à raison de 0 fr. 54 les 35 décimètres cubes?

27. Une somme d'argent a été placée pendant 14 ans à 5 0/0, et a produit 400 fr. d'intérêt. Quelle était cette somme?

28. Quel est le nombre de pièces de 20 centimes que l'on peut faire avec 347 gr. d'argent pur, et quel est le poids du cuivre que l'on doit y ajouter?

29. Partager 36 fr. entre deux personnes, de manière que l'une ait 3 fois plus que l'autre?

30. Une marchande a acheté 3,175 fagots à 15 fr. le cent. et on lui en a donné 13 pour 12. Elle les a vendus 16 cent. la pièce. Combien a-t-elle gagné par fagot!

31. Quelle est la capacité d'une bouteille renfermant de l'eau, dont le poids est représenté par 36 pièces de 10 fr. en or?

32. Il faut du drap à 5/6 de large et 1 mètre 04 de longueur pour faire une redingotte; combien faudrait-il de drap s'il n'avait que 7/13 de mètre de large?

33. J'ai reçu 3/7 de franc pour l'intérêt de 82 fr placés pendant 2 mois; à quel taux cet argent était-il placé?

34. J'ai reçu 3 caisses de savon pesant 103 myriagrammes; le prix du kilogramme égale 5/6 de franc, et

le transport a coûté 3/7 de franc par hectogramme. Combien faut-il que je vende chaque caisse pour gagner autant que valent 25 kilogr. d'huile à 3 fr. les 2 décimètres cubes, sachant que 97 centilitres pèsent 3 hectogrammes ?

35. Combien faut-il que je gagne p. °/₀ avec un capital de 6,500 fr. pour me procurer un bénéfice de 83 fr. en 18 jours ?

36. J'ai vendu 3 hectolitres 3/5 d'avoine pour 37 fr. ; quelle est ma perte ou mon gain, sachant que j'ai payé cette avoine 4/7 de franc le décalitre ?

37. 5 hommes sont occupés à battre du blé dans une grange ; chacun d'eux peut battre par jour 80 gerbes ; chaque gerbe fournit en moyenne 3 litres de grain ; la journée de chaque homme est fixée à 2 fr. 50. Le travail terminé on a obtenu 150 hectolitres de grain. On demande : 1° Pendant combien de jours les hommes ont travaillé. 2° Combien chacun d'eux a battu de gerbes. 3° Ce qui a été payé à chacun d'eux, sachant que le maître retient le 20e du salaire pour le déposer à la caisse d'épargne ?

38. Combien aurait économisé au bout de 10 ans un homme qui boit par jour 3 petits verres à 5 centimes et qui fume pour 10 centimes de tabac par jour, s'il cessait de faire ces dépenses et qu'il plaçât cette économie à 5 p. °/₀, à la fin de chaque année ?

39. Quel est le tiers et demi de 3/5 de franc ?

40. Quel est le poids de l'argent pur contenu dans une somme d'argent de 8,974 fr.

41. Deux courriers se dirigent l'un vers l'autre ; la

distance qui les sépare est 500 kilomètres; l'un qui fait 16 kilomètres à l'heure part à midi, et l'autre qui en fait 12 part 5 heures après le premier courrier. A quelle heure et à quelle distance des deux points de départ aura lieu la rencontre?

42. Un roulier a demandé 150 fr. pour transporter 20 quintaux à 10 kilomètres. Combien demanderait-il pour porter à 15 kilomètres 15,600 litres d'eau distillée renfermée dans des tonnes d'un poids de 300 kilog.?

43. Combien faut-il d'ouvriers pour creuser 150 mètres cubes en 15 heures, sachant que 3 ouvriers creusent 3 mètres cubes 5/7 en 2 jours de chacun 8 heures?

44. J'ai payé 65 fr. de 3/5 de litre de liquide; à combien me revient le kilogramme de ce liquide, s'il pèse 2 kilogrammes quand le même volume d'eau pèse 17 hectogrammes?

45. A combien me reviendront 7 hectomètres carrés de pavage d'une route de 10,000 mètres de long à 0 fr. 39 le mètre carré? Quelle est la largeur de cette route?

46. On veut tirer 175 mètres cubes d'un puits ayant 2 mètres de diamètre; quelle en sera la profondeur?

47. Combien y a-t-il de décalitres d'eau dans un puits de 85 mètres cubes 3/5 ?

48. Quelqu'un a acheté 5/6 de drap à 72 fr. le mètre; il en cède les 3/4 à un de ses amis. Combien lui en reste t-il et combien devra-t-on lui rembourser ?

49. On a acheté 86 m. 79 d'un drap de 1re qualité pour 1957 fr. 83; calculer le prix de 109 m. 46 de drap de seconde qualité, sachant que la seconde qualité ne

vaut que les 7/8 de la 1re ?

50. Combien faut-il mettre d'eau dans 72 litres de vin qui coûtent 85 fr. l'hectolitre pour qu'on vende le litre de mélange 65 centimes ?

51. A quel taux un rentier a-t-il placé 415 fr, quand il exige 85 fr. pour 13 semaines ?

52. Combien faut-il mélanger de thé à 25 fr. et à 30 fr. le kil., pour avoir 45 hectogram., à 25 fr. le kil. ?

53. Si je vends 3/5 d'hectolitre d'avoine à 18 fr. les 100 kilogr., et que cette avoine pèse 0 kil., 95 par litre Combien recevrai-je ?

54. J'ai payé 15 fr. de 3 decistères 2/5 de bois ; à combien me revient le décimètre cube de bois ?

55. Combien me faut-il de toile pour couvrir une boule de jeu de quilles de 95 centimètres de tour ?

56. A combien me reviennent les 3/5 de litre de lait, quand je paie 22 centimes de 1 litre 3/7 ?

57. A combien revient le décimètre cube de fer, quand 3/5 de centimètre cube pèsent 6 grammes et que le fer se vend 1 fr. 15 le kil. ?

58. Quatre grammes 3/5 de liquide coûtent 25 centimes. Combien coûteront 30 litres de ce liquide, s'il pèse 2/5 plus que l'eau ?

59. Le métal des cloches s'obtient en fondant ensemble 110 kil., d'étain, 390 kilog., de cuivre, 5 kilog., de zinc et 4 kilog., de plomb. Quel poids de ces différents métaux faut-il mettre dans le creuset pour faire une cloche pesant 7635 kilog. ?

60. La chandelle coûte 0 fr. 85 le demi-kilogramme

et la bougie 1 fr. 80. Une chandelle de 6 au demi kilogramme dure 6 heures ; une bougie de 5 au demi kilogramme dure 10 heures. De combien p. 0/0 l'éclairage à la bougie est-il plus cher que l'éclairage à la chandelle?

61. Quelle serait la valeur d'une somme d'argent pesant autant que 58 centilitres d'eau ?

62. Un homme a laissé par testament 220,500 francs à partager entre 4 parents. Les conditions sont telles que quand le premier prendra 2 fr., le second en prendra 3, quand le second prendra 4 fr., le troisième en prendra 5. Quand le troisième en prendra 6, le quatrième en prendra 7 : Quelle est la part de chacun ?

63. Jacques et Paul ont mis en société, le premier 3/5 de kilogramme d'argent monnayé et l'autre 3/5 d'hectogramme d'or ; ils ont gagné 150 fr. : Combien revient-il à chacun ?

64. Un homme n'ayant pas de balance a placé chez un banquier un sac d'argent dont le volume est de 3445 centimètres cubes ; il en a retiré les 3/50 d'intérêt ; Quel est cet intérêt ?

65. Un homme a 3 stères de bois qu'il veut échanger contre 175 décimètres cubes de vin ; le vin coûte 2 francs le kilogramme et pèse 975 grammes le litre ; si le stère de bois coûte 25 fr. y a-t-il profit à faire cet échange ?

66. 3 hectomètres carrés d'un terrain rectangulaire ont pour longueur 143 mètres 2/3 ; Quelle est la largeur?

67. Combien aurai-je de centigrammes d'huile avec 3 fr. sachant que le litre coûte 2 fr. et pèse 1250 grammes?

68. Dans l'exploitation d'une mine de charbon de terre, on a payé 198,746 fr. pour le salaire de 437 ouvriers, qui ont travaillé pendant 298 jours ; quelle somme a dû recevoir pour 20 journées un ouvrier travaillant avec sa femme et ses 4 fils, la journée de sa femme étant comptée pour 2/3 de journée et celle de ses fils pour 5/6 ?

69. On vend une récolte de 12 mètres cubes 5/7 de froment à raison de 23 fr, 50 l'hectolitre, en garantissant un poids de 79 kilogrammes par hectolitre sauf à réduire ce prix suivant le poids. Ce froment ne pèse que 77 kilogrammes l'hectolitre. On demande 1° le prix de cette vente, 2° le poids total du froment vendu ?

70. Un marchand vend une poutre qui a 8 mètres 9 de longueur sur 0m 56 de hauteur et 0m 48 de largeur, au prix de 89 fr. 05 le stère. Mais au moment de la livrer on reconnaît qu'elle est avariée des 7/100 du volume. On demande : 1° ce qu'il recevra ; 2° à combien revient le décimètre cube, à 1/2 centime près ?

71. Combien paiera-t-on les 3/5 de 28 ares 35 de terrain à 2 fr. le mètre carré ?

72. 15 centimètres de soie ont été vendus 1 fr. 75 et l'on a gagné 0 fr. 35 ; combien le marchand paie-t-il le mètre ?

73. J'ai acheté 8 décimètres cubes 3 centièmes de vin ; il pèse 985 grammes ; le total de cet achat est de 17 fr; Combien coûte un kilogramme de ce vin ?

74. 5 ouvriers ont fait 8/5 de mètre en 3 jours. Combien 8 ouvriers emploieront-ils de temps pour faire 8/9 de mètre ?

75. J'ai une boîte de trois mètres cubes 8 centièmes renfermant de l'argent pur. Combien peut-on faire avec 2 pièces de 5 fr.

76. J'ai acheté 0 mètre 45 de toile à 3/5 de franc le mètre : Combien ai-je payé ?

77. 3/5 de décamètre carré de terrain ont coûté 18 f. A combien revient l'hectare ?

78. J'ai payé 3/5 de franc pour 3/122 de mètre cube de bois ; à combien revient le décistère ?

79. 4 grammes 8/9 ont coûté 0 fr. 15 ; à combien revient le kilogramme ?

80. Un marchand a vendu une certaine quantité d'étoffe et a gagné 150 fr. 11. On sait que son gain est de 12 fr. 75 par 0/0 ; que le prix du mètre d'étoffe lui revient à 17 fr. 20. On demande la quantité d'étoffe vendue ?

81. Un marchand a acheté 185 mètres de drap qu'il espère revendre dans le courant de l'année. Le mètre coûte 18 fr. 75 ; pour en faire l'acquisition, l'acheteur emprunte de l'argent à 5 pour 0/0 par an. A quel prix doit-il revendre le mètre de drap pour réaliser un bénéfice de 8 pour 0/0 sur le prix de revient ?

82. A combien revient le mètre cube de bière quand 3 litres 05 coûtent 28 centimes ?

83. Un bassin est rempli par une fontaine en 17 minutes, et par une autre fontaine en 5/6 d'heure ; si elles coulent ensemble, quelle partie du bassin rempliront-elles en 14 minutes ? Combien de temps mettraient-elles pour remplir le bassin ?

84. Si le bassin contenait 48 mètres cubes 5/6, combien contiendrait-il de litres?

85. Quel capital représente une rente de 75 fr. 4 1/2 p. % au taux de 92 fr. 50? Si le taux de la rente s'élève à 97 fr., quelle sera l'augmentation?

86. La dépense d'une maison s'est élevée à 43 fr. en 17 jours; de combien faut-il diminuer la dépense de chaque jour pour que la dépense de l'année soit 387 fr.?

87. Deux villes sont séparées par une distance de 180 kilomètres; une locomotive a parcouru les 5/9 de cette distance en 6 heures 1/4. On demande ce que cette locomotive doit parcourir en une heure?

88. Partager 375 fr. entre deux personnes, de manière que la première ait les 3/4 des 7/9 de 72 fr. plus que l'autre?

89. Quel est le nombre dont les 2/3 plus 5 font 80?

90. Je bois une bouteille de vin contenant 65 centilitres en 3 jours; combien dois-je y ajouter d'eau pour que cette bouteille dure 5 jours?

91. On a partagé 1,000 fr. entre 3 pauvres proportionnellement à leur âge; l'âge du dernier pauvre est le tiers de l'âge des deux autres qui ont chacun 35 ans; combien auront-ils chacun?

92. Au prix de 0 fr. 75 le kilogramme, un marchand gagne 5/16 de franc p. %; combien lui coûte le kilog.?

93. J'ai 48 boutons dans les deux mains et 15 de plus dans une main que dans l'autre; combien ai-je de boutons dans chaque main?

94. Un robinet qui fournit 25 litres par seconde est

adapté à un bassin plein d'eau distillée et d'une contenance de 200 hectolitres. Ce robinet reste ouvert pendant 9 minutes. On demande le poids de l'eau qui reste?

95. Un ouvrier travaillant 4 jours par semaine à 3 fr. par jour, dépense dans son ménage 45 fr. par mois ; quelle est son économie ou ses dettes au bout d'un an ?

96. En plaçant 159 fr. le 1er mars 1859 et 275 fr. le 1er juin de la même année à 5 pour 0/0, j'ai retiré au bout de l'an 25 fr. d'intérêt ; à quel taux cet argent fut-il placé ?

97. Un marchand achète 10 pièces d'étoffe à raison de 8547 fr. ; 4 de ces pièces contiennent 325 m. 60 d'étoffe ; les autres en contiennent 539 m. 40. Le marchand vend les 4 premières à 1 fr. 35 le mètre. On demande à combien lui revient le mètre des 6 dernières pièces ?

98. Un ouvrier a fait un certain ouvrage en 4 jours ; un second a fait le même ouvrage en 8 jours travaillant 3 heures par jour, un 4e en 8 jours travaillant 6 heures par jour ; un 5e en 18 jours travaillant 8 heures par jour On demande en combien d'heures ce travail sera fait si tous les ouvriers travaillent ensemble ?

99. 315 décimètres carrés valent autant que 3/152 d'hectare à 43 fr. l'are ; combien paierai-je ?

100. Un champ rectangulaire de 3 hectares de surface et ayant 370 mètres de long a été partagé en deux parties pour deux frères ; par suite d'erreur, le premier a joui de 3 ares 4 plus que sa part. Quelle est la largeur qu'il doit rendre à son frère ?

101. Combien faut-il de planches pour planchéier une

salle de 15 mètres de long sur 9 de large, sachant que les planches doivent avoir 6 mètres de long sur 3/14 de large ?

102. Un tuyau de poêle, de forme cylindrique, et ayant 35 centimètres de rayon sur une hauteur de 3 mètres, est rempli aux 3/5 d'eau. Combien y a-t-il de litres ?

103. Pour 1,000 fr. on a eu un certain nombre de kilogrammes de sucre ; on en aurait eu 35 de plus pour 1,092 fr. Combien de kilogrammes a-t-on achetés, et quel est le prix du kilogramme ?

104. Je place chaque année 300 fr. à 5 p. 0/0 et à intérêts composés ; quelle somme aurai-je au bout de 4 ans. Combien avec cette somme pourrai-je acheter d'ares de terrain à 2 fr. 23 les 25 centiares ?

105. Par quel nombre faut-il multiplier les 2/3 de 4 pour obtenir 17/8 au produit.

106. Le produit de deux nombres est 312. On a 6 fois le plus petit, si l'on prend le 1/4 de ce produit ; quels sont ces deux nombres ?

107. Un marchand a acheté 66 m. de drap. on demande combien il a dépensé, sachant qu'en revendant 15 mètres, de ce même drap pour 525 francs, il a gagné 8 fr. par mètre ?

108. Combien aura-t-on de mètres de drap avec 500 fr. sachant que 4/9 coûtent 8 fr. ?

109. On a 54 grammes d'alliage au titre de 11/12, combien faut-il y ajouter de cuivre pour amener cet alliage au titre de 9/10 ?

110. Une personne a le choix entre deux étoffes pour

se faire une robe ; la première a 0m78 de largeur et coûte 2 fr. 45 c. le mètre ; la 2e a 1m12 de largeur et coûte 3 fr. 25 le mètre. Il faut 12m54 de la 1re pour une robe ; combien faudra-t-il de mètres de la seconde, et quelle différence y aura-t-il entre le prix des deux robes?

111. Une personne dépense 1/5 de son revenu pour sa nourriture, 1/4 du reste pour son logement, 1/7 du reste pour son habillement et 3/4 du 3e reste en aumônes. Il lui reste 486 fr. 25 cent. à la fin de l'année : Quel est son revenu ?

112. Jacques et Jean ont mis 500 fr. en Société ; le 1er a mis 372 fr. et l'autre le reste : Combien le premier aura-t-il à la fin de la Société si le dernier a retiré 385 fr.

113. 100 fr. doivent être partagés entre 3 indigents : Le premier doit en avoir la 1/2 ; le 2e les 2/3 et le 3e le 1/4 : De quelle manière faire le partage !

114. J'ai placé 258 fr. et au bout de 3 ans j'ai retiré 432 fr. d'intérêt et de capital : A quel taux cet argent était-il placé ?

115. Un homme donne 0 fr. 08 cent. aux pauvres quand il gagne 8 fr.: Combien a-t-il gagné sachant qu'il a donné 38 fr. 45 cent.?

116. Quelle est la base d'un triangle ayant pour hauteur 6 mètres ?

117. Lorsque l'hectolitre de blé pesant 95 kilogrammes coûte 18 fr., combien coûtera un pain de 3 kilogrammes et demi, si l'on ajoute au poids du blé 1/5 pour l'eau qui entre dans la fabrication ?

TABLE DES MATIÈRES.

www.ingramcontent.com/pod-product-compliance
Ingram Content Group UK Ltd.
Pitfield, Milton Keynes, MK11 3LW, UK
UKHW020429230726
13925UKWH00004B/1660

9 782013 724852